Estelle et Noé à la découverte des vaccins !

Mélanie Perez
Camouche

Millepages

Nous remercions le CNL de son soutien.

FSC
www.fsc.org
MIXTE
Papier issu de sources responsables
FSC® C018236

ISB : 978-2-84218-485-8
Imprimé en Pologne
Dépôt légal : mai 2021
Loi n° 49-956 du 16 juillet 1949
sur les publications destinées à la jeunesse

Les vaccins sont des outils essentiels pour lutter contre les virus ! Il faut en priorité vacciner les personnes à risque et celles qui sont les plus fragiles...
Selon les scientifiques, ils sont très efficaces et ne provoquent pas d'effets secondaires majeurs...

Franchement, je n'y comprends rien à leur histoire de vaccination ! C'est quoi ce vaccin, d'abord ?!
Noé, tu crois que ça va faire mal ?
DRiiiNNG
T'INQUIÈTE ! Viens travailler chez moi ce soir, je t'expliquerai !

Est-ce qu'Estelle peut venir travailler à la maison ce soir? On a un sujet très intéressant à étudier.
Bonne idée, on t'emmène! En plus, j'ai fait des cookies.
Si la maman de Noé est d'accord, je n'y vois aucune objection.
SUPER! C'est parti!

Estelle, tu sais qu'il existe des organismes microscopiques dans la nature ?
OUI ! Des microbes, comme les bactéries et les virus.
On peut aussi y ajouter les champignons !
On les trouve partout, même dans nos aliments…
YAOURT YOPLI
YAOURT
Tiens, dans les yaourts par exemple, on trouve de bonnes bactéries qui aident à faire fermenter le lait !

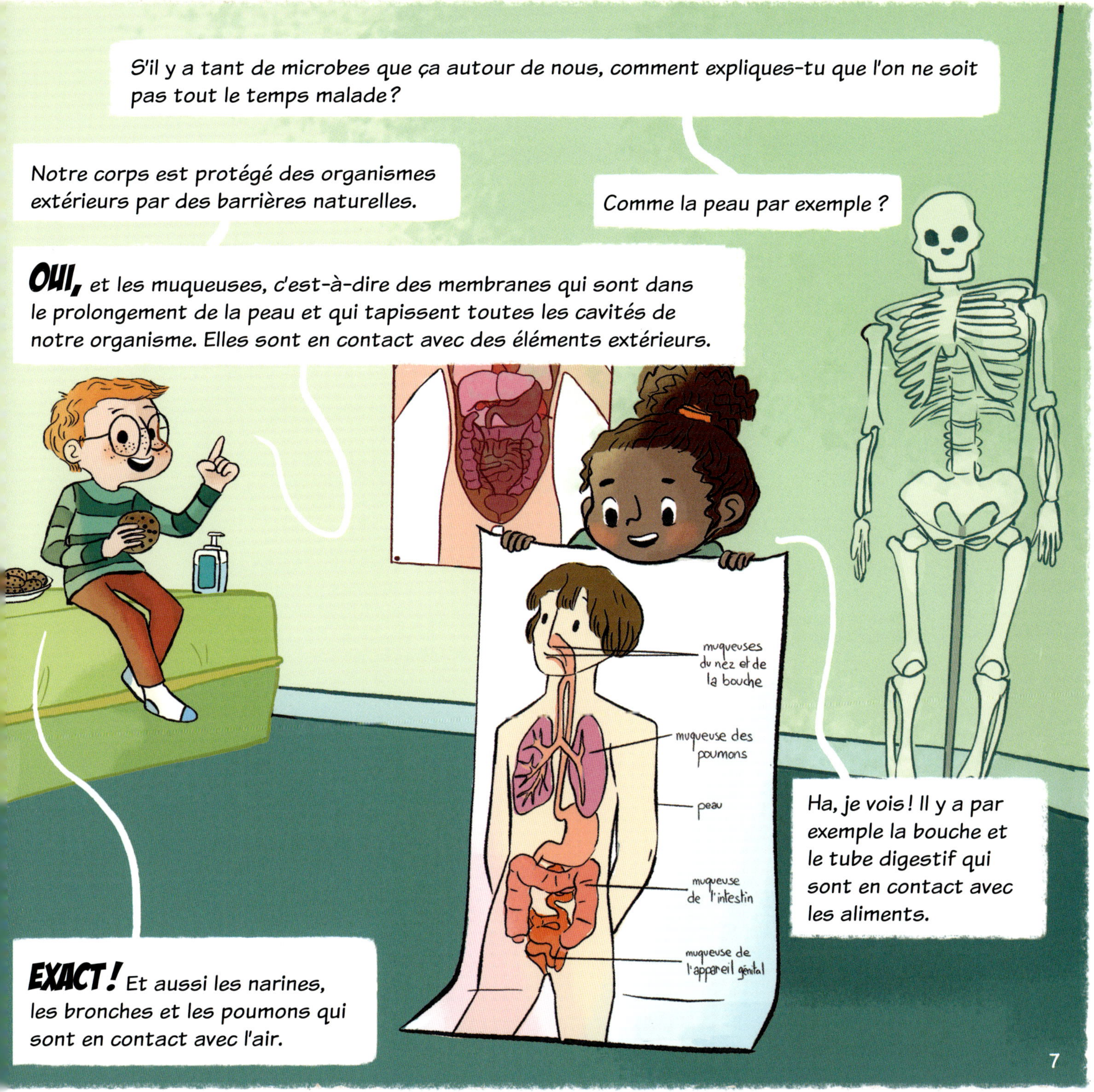
S'il y a tant de microbes que ça autour de nous, comment expliques-tu que l'on ne soit pas tout le temps malade ?
Notre corps est protégé des organismes extérieurs par des barrières naturelles.
Comme la peau par exemple ?
OUI, et les muqueuses, c'est-à-dire des membranes qui sont dans le prolongement de la peau et qui tapissent toutes les cavités de notre organisme. Elles sont en contact avec des éléments extérieurs.
muqueuses du nez et de la bouche
muqueuse des poumons
peau
muqueuse de l'intestin
muqueuse de l'appareil génital
Ha, je vois ! Il y a par exemple la bouche et le tube digestif qui sont en contact avec les aliments.
EXACT ! Et aussi les narines, les bronches et les poumons qui sont en contact avec l'air.

La plupart de ces micro-organismes sont sans danger pour nous, comme ceux qui se trouvent dans notre intestin et qui nous aident à digérer. Mais d'autres peuvent franchir nos barrières protectrices et nous rendre malades.
Noé, c'est quoi exactement ces bactéries et ces virus, parfois bons et parfois mauvais ?
Les **bactéries,** ce sont des cellules sans noyau, capables de fonctionner et de se reproduire rapidement toutes seules grâce à l'énergie solaire ou en transformant des gaz et des minéraux.
Les micro-organismes qui provoquent des maladies sont qualifiés de « pathogènes ».
Et on les trouve où ?

Les bactéries sont les premières formes de vie à être apparues sur la Terre, il y a environ 3,7 milliards d'années.

Et les virus alors ?

Les **virus** sont des particules microscopiques qui peuvent parasiter toutes sortes d'êtres vivants, mais qui ne sont pas capables de se reproduire seules. Ils utilisent l'énergie des cellules, puis ils les détruisent pour mieux se multiplier.

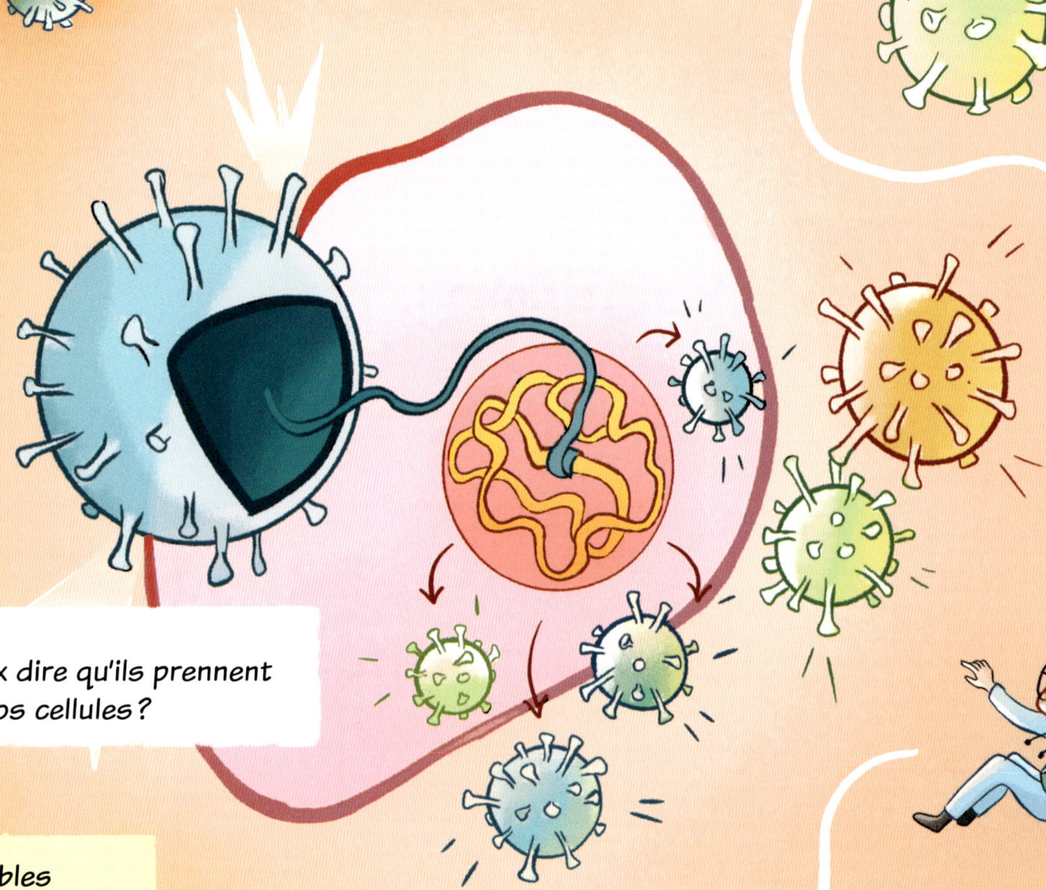

NON !? Tu veux dire qu'ils prennent le contrôle de nos cellules ?

C'EST ÇA ! Les virus sont composés de quelques gènes, protégés par une sorte de boîte en protéines appelée capside. Lorsque leur petit génome pénètre dans nos cellules, celles-ci deviennent des usines à fabriquer plein de nouveaux virus.

Les virus sont sensibles au climat. Par exemple, ceux qui se diffusent dans l'air résistent plus ou moins bien selon l'humidité et l'intensité des rayons du soleil. Ils sont également affaiblis par des températures hautes ou très basses.

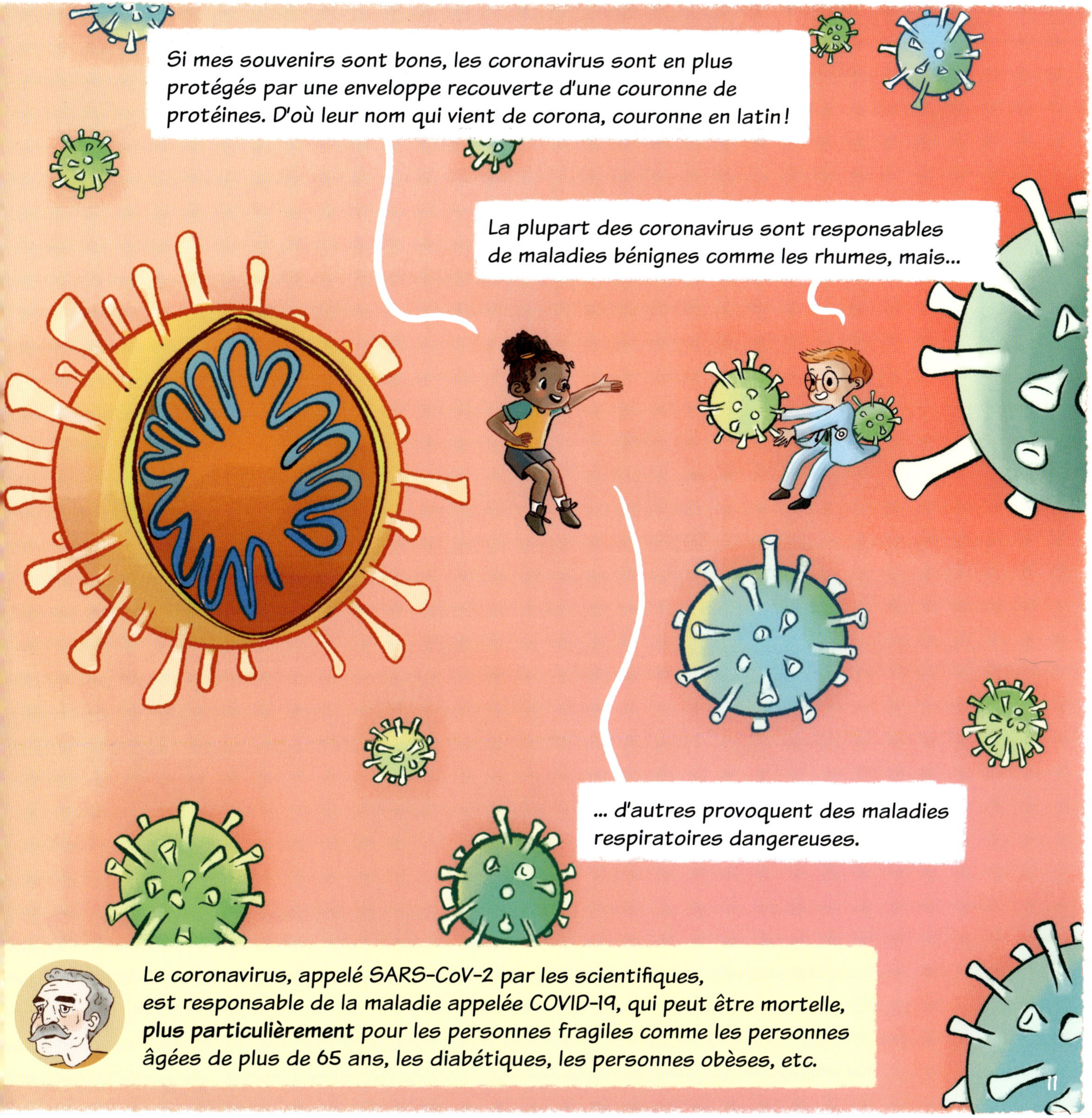

Le coronavirus, appelé SARS-CoV-2 par les scientifiques, est responsable de la maladie appelée COVID-19, qui peut être mortelle, **plus particulièrement** pour les personnes fragiles comme les personnes âgées de plus de 65 ans, les diabétiques, les personnes obèses, etc.

Lorsque les micro-organismes franchissent nos barrières naturelles, on dit qu'il y a **contamination.**
On peut se contaminer quand on se blesse par exemple !
Oui, les bactéries peuvent entrer au niveau d'une plaie ; et les virus, comme ceux de la grippe et de la COVID-19, peuvent nous contaminer grâce à des gouttelettes invisibles produites quand on parle, que l'on tousse ou que l'on éternue.
C'EST INCROYABLE !
Les gouttelettes servent de moyens de transport à tous ces virus !!!
C'est pour cela qu'il est important de porter un masque.

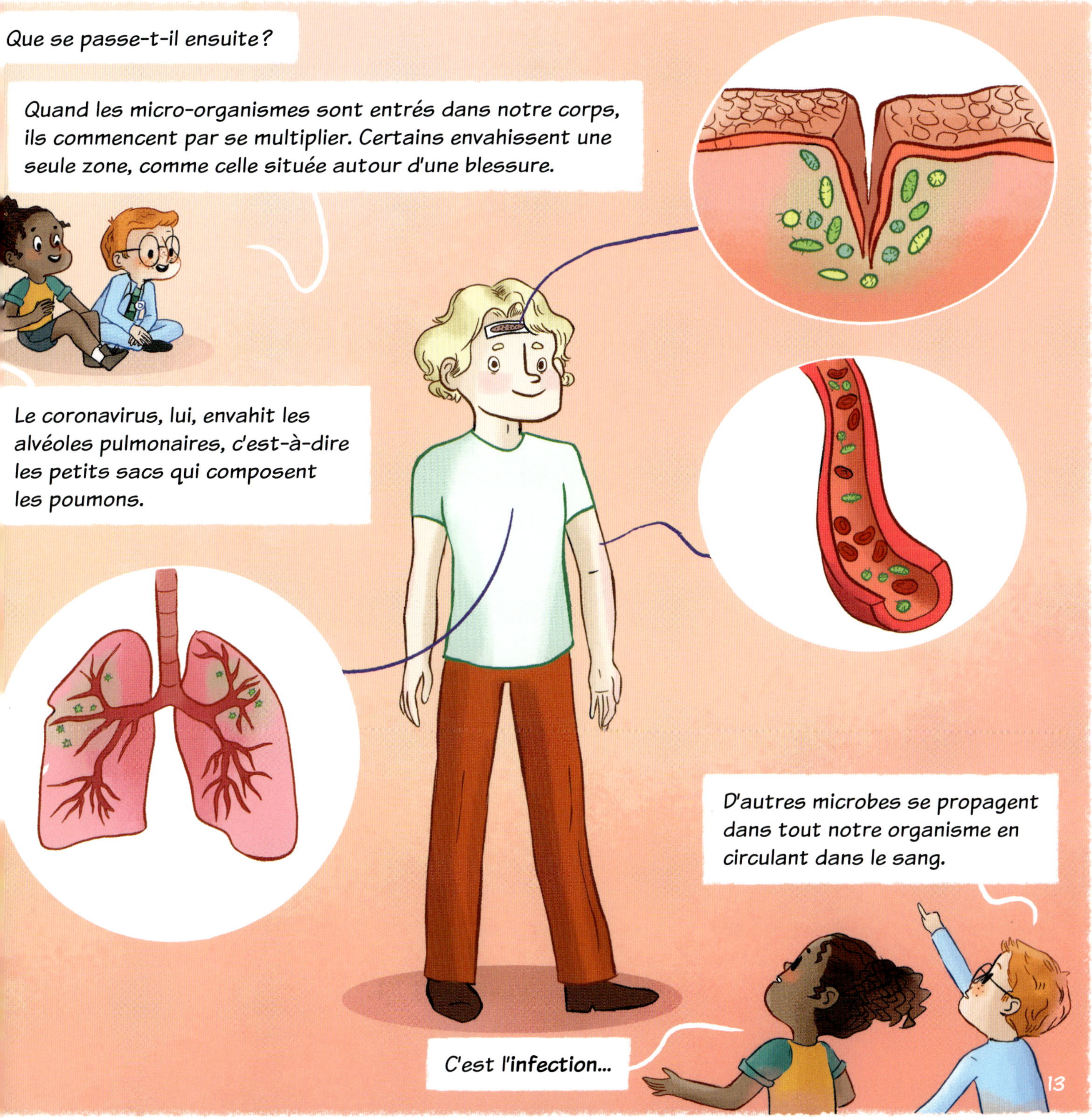
Que se passe-t-il ensuite ?
Quand les micro-organismes sont entrés dans notre corps, ils commencent par se multiplier. Certains envahissent une seule zone, comme celle située autour d'une blessure.
Le coronavirus, lui, envahit les alvéoles pulmonaires, c'est-à-dire les petits sacs qui composent les poumons.
D'autres microbes se propagent dans tout notre organisme en circulant dans le sang.
C'est l'**infection**…

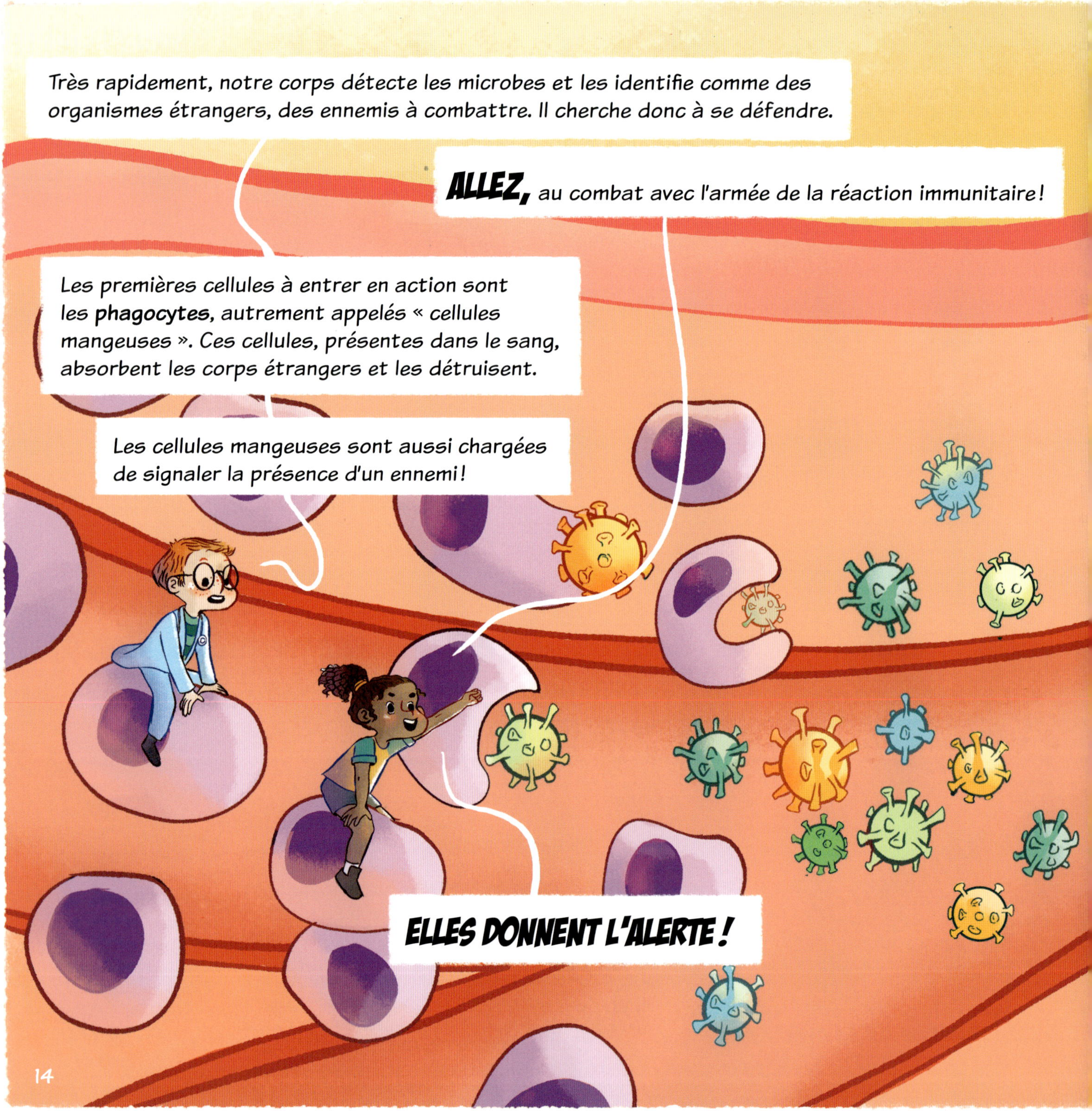
Très rapidement, notre corps détecte les microbes et les identifie comme des organismes étrangers, des ennemis à combattre. Il cherche donc à se défendre.
ALLEZ, au combat avec l'armée de la réaction immunitaire !
Les premières cellules à entrer en action sont les **phagocytes**, autrement appelés « cellules mangeuses ». Ces cellules, présentes dans le sang, absorbent les corps étrangers et les détruisent.
Les cellules mangeuses sont aussi chargées de signaler la présence d'un ennemi !
ELLES DONNENT L'ALERTE !

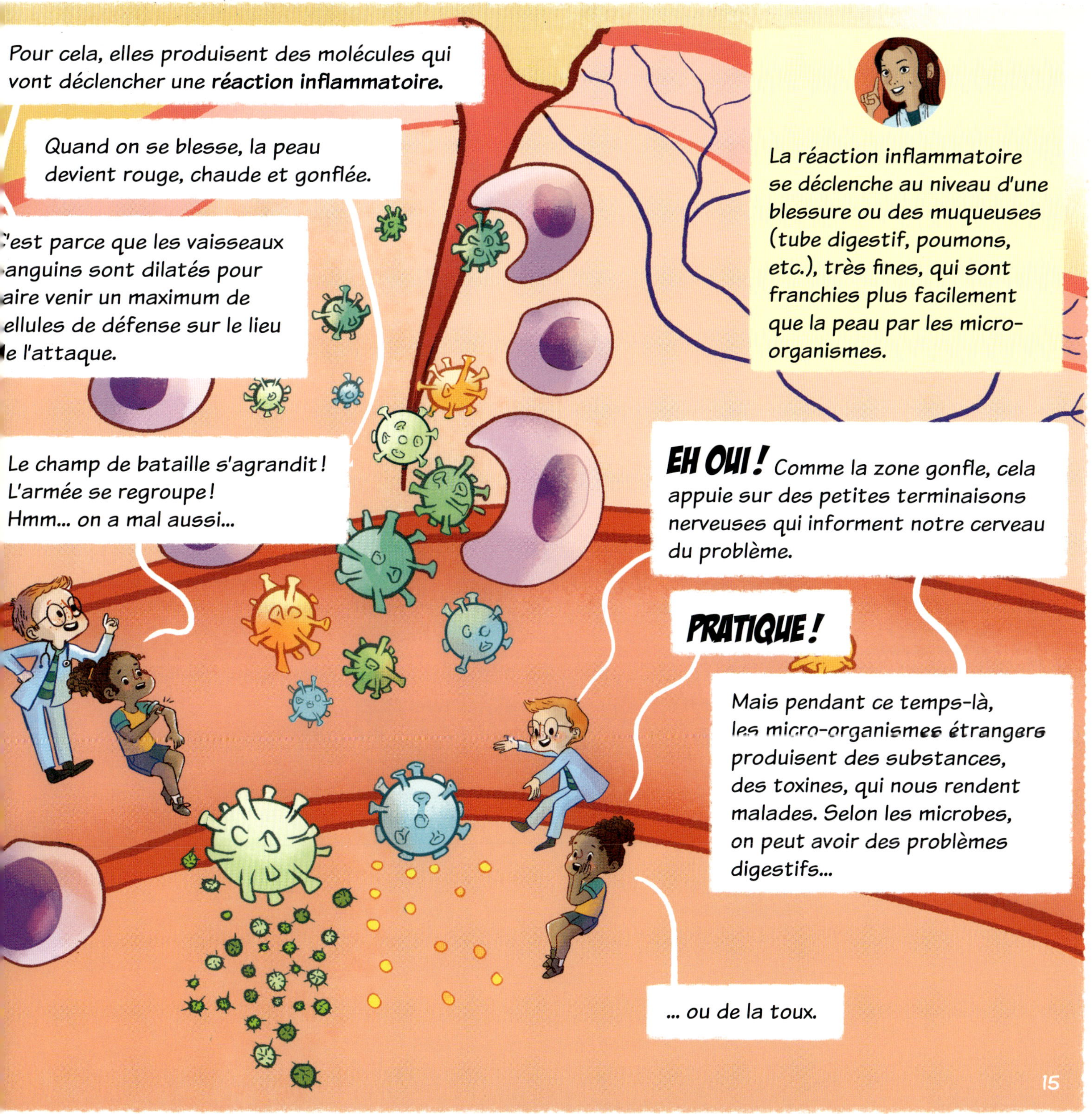
Pour cela, elles produisent des molécules qui vont déclencher une **réaction inflammatoire.**
Quand on se blesse, la peau devient rouge, chaude et gonflée.
'est parce que les vaisseaux anguins sont dilatés pour aire venir un maximum de ellules de défense sur le lieu e l'attaque.
Le champ de bataille s'agrandit ! L'armée se regroupe ! Hmm... on a mal aussi...
La réaction inflammatoire se déclenche au niveau d'une blessure ou des muqueuses (tube digestif, poumons, etc.), très fines, qui sont franchies plus facilement que la peau par les micro-organismes.
EH OUI ! Comme la zone gonfle, cela appuie sur des petites terminaisons nerveuses qui informent notre cerveau du problème.
PRATIQUE !
Mais pendant ce temps-là, les micro-organismes étrangers produisent des substances, des toxines, qui nous rendent malades. Selon les microbes, on peut avoir des problèmes digestifs...
... ou de la toux.

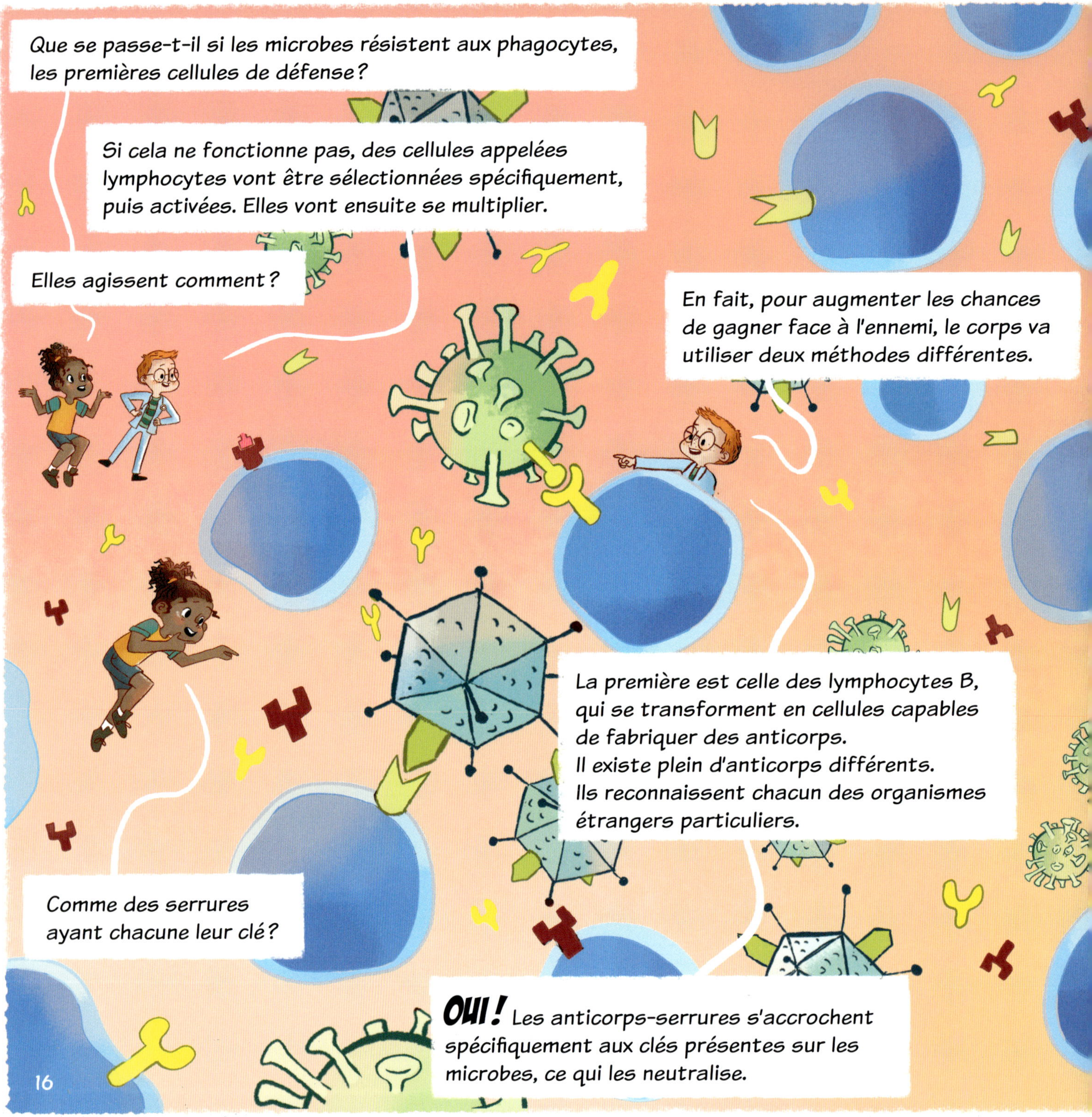
Que se passe-t-il si les microbes résistent aux phagocytes, les premières cellules de défense ?
Si cela ne fonctionne pas, des cellules appelées lymphocytes vont être sélectionnées spécifiquement, puis activées. Elles vont ensuite se multiplier.
Elles agissent comment ?
En fait, pour augmenter les chances de gagner face à l'ennemi, le corps va utiliser deux méthodes différentes.
La première est celle des lymphocytes B, qui se transforment en cellules capables de fabriquer des anticorps.
Il existe plein d'anticorps différents.
Ils reconnaissent chacun des organismes étrangers particuliers.
Comme des serrures ayant chacune leur clé ?
OUI ! Les anticorps-serrures s'accrochent spécifiquement aux clés présentes sur les microbes, ce qui les neutralise.

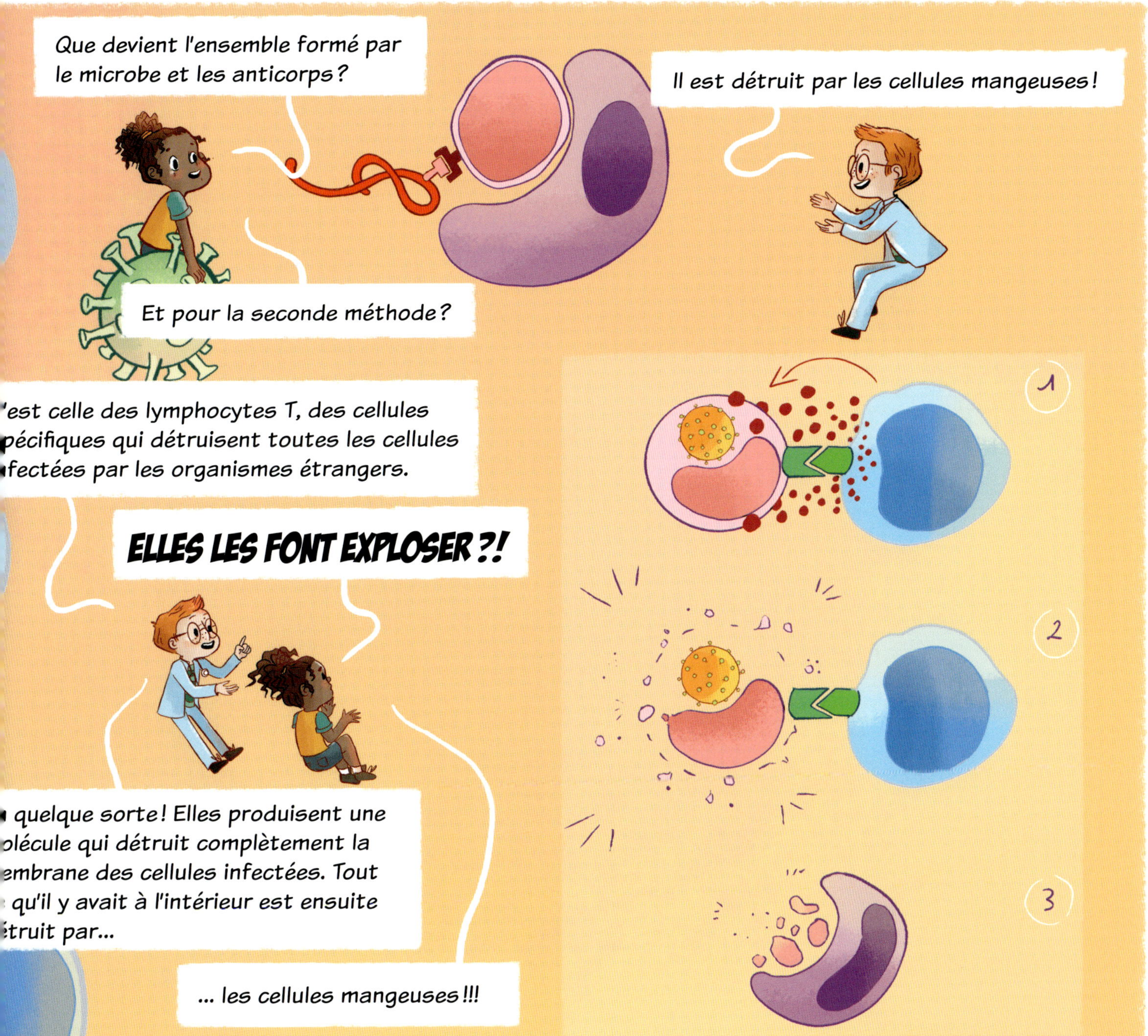

Les anticorps sont des protéines fabriquées par les lymphocytes B, des cellules immunitaires. Ils circulent dans le sang.

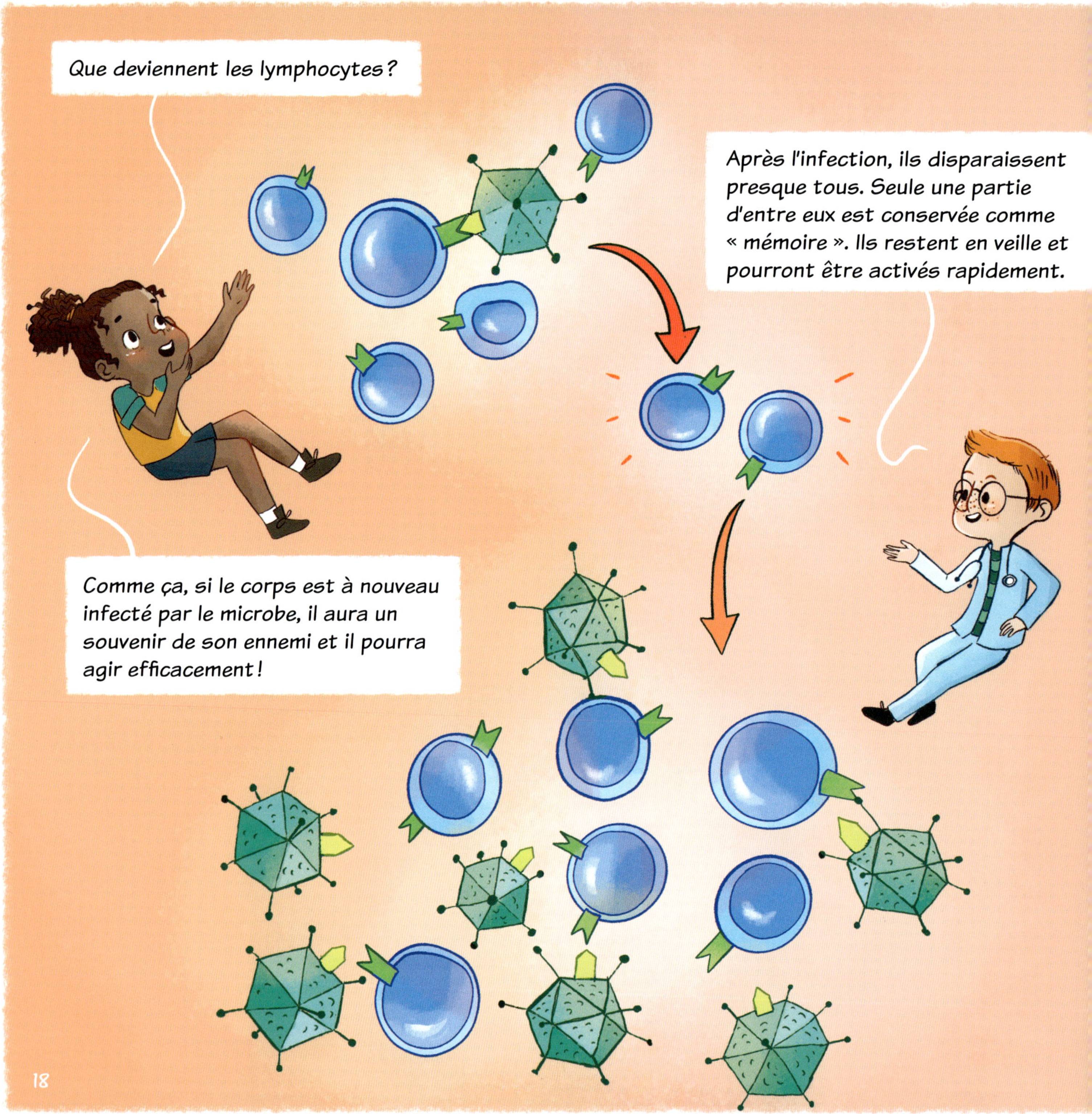
Que deviennent les lymphocytes ?
Après l'infection, ils disparaissent presque tous. Seule une partie d'entre eux est conservée comme « mémoire ». Ils restent en veille et pourront être activés rapidement.
Comme ça, si le corps est à nouveau infecté par le microbe, il aura un souvenir de son ennemi et il pourra agir efficacement !

Est-ce que l'on peut aider notre corps à lutter contre une maladie due à une infection ?

Pour nous soigner, le médecin peut nous prescrire des médicaments qui nous aident à supporter les symptômes.

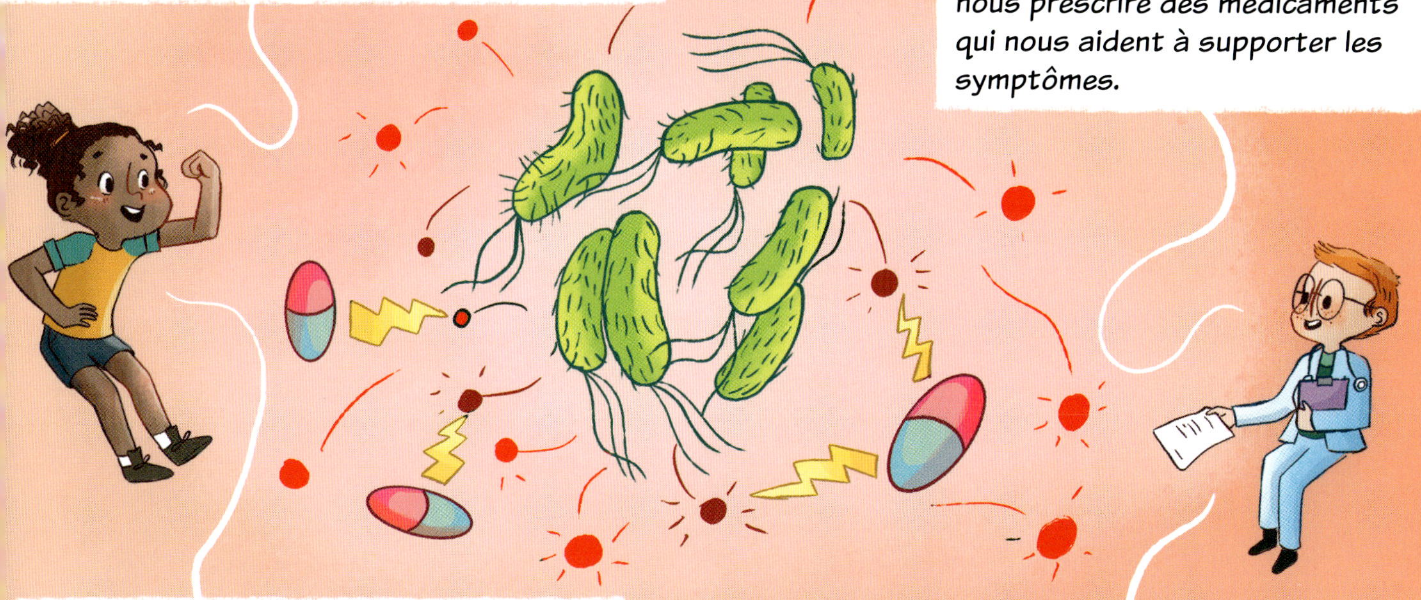

AH OUI, certains médicaments font baisser la fièvre par exemple !

Le docteur peut aussi nous donner des médicaments qui détruisent les micro-organismes pathogènes, comme les antibiotiques qui fonctionnent U-N-I-Q-U-E-M-E-N-T sur les bactéries.

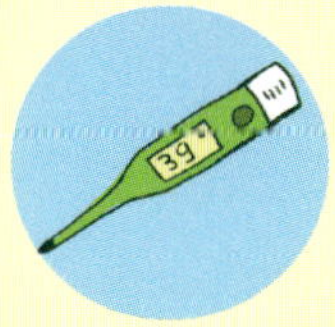

La fièvre joue un rôle important dans la bataille, puisqu'elle stimule la multiplication des cellules immunitaires et la production des anticorps. Elle détruit aussi les toxines produites par les microbes qui nous rendent malades.

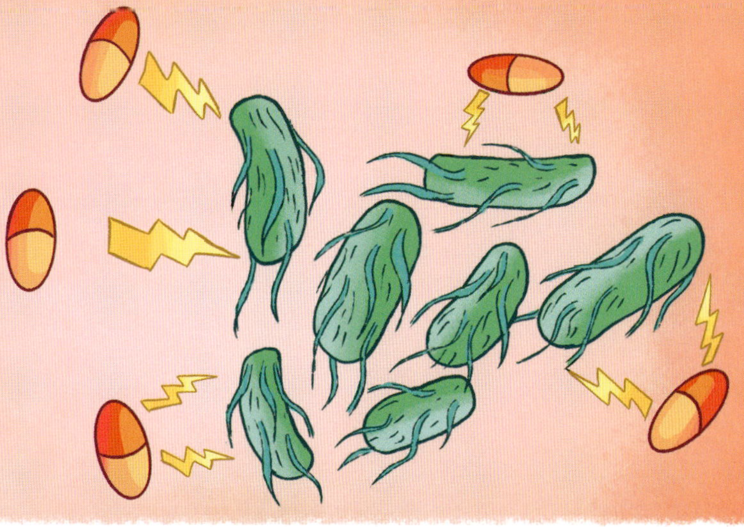

Il existe des médicaments contre les virus ?
Pour les virus, c'est plus compliqué. Il y en a tellement… Il existe seulement des médicaments qui ralentissent leur multiplication. On les appelle les médicaments antiviraux.
Les médicaments ne sont donc pas efficaces pour lutter contre tous les microbes.
Non, c'est pourquoi les scientifiques travaillent sur la fabrication de **vaccins**.

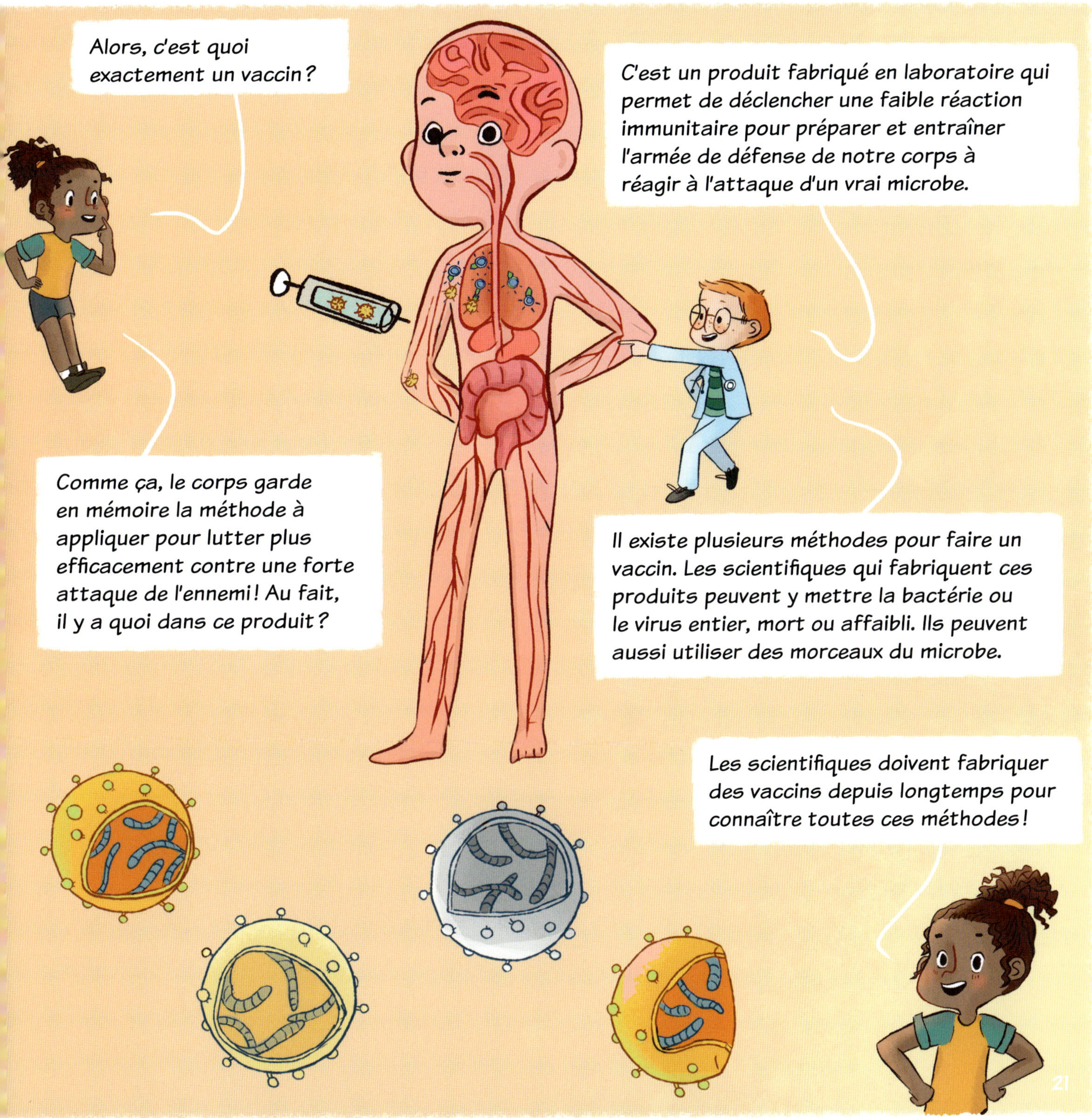
Alors, c'est quoi exactement un vaccin ?
C'est un produit fabriqué en laboratoire qui permet de déclencher une faible réaction immunitaire pour préparer et entraîner l'armée de défense de notre corps à réagir à l'attaque d'un vrai microbe.
Comme ça, le corps garde en mémoire la méthode à appliquer pour lutter plus efficacement contre une forte attaque de l'ennemi ! Au fait, il y a quoi dans ce produit ?
Il existe plusieurs méthodes pour faire un vaccin. Les scientifiques qui fabriquent ces produits peuvent y mettre la bactérie ou le virus entier, mort ou affaibli. Ils peuvent aussi utiliser des morceaux du microbe.
Les scientifiques doivent fabriquer des vaccins depuis longtemps pour connaître toutes ces méthodes !

EN EFFET ! Dans l'Antiquité, les médecins avaient déjà observé que les personnes qui avaient survécu à une infection ne retombaient pas malades Mais c'est seulement en 1796 qu'Edward Jenner, un médecin anglais, a inventé le principe de la vaccination.
Il y a donc plus de 200 ans... Mais à cette époque, nous n'avions pas les mêmes moyens technologiques... Comment a-t-il fait ?

Au XVIIIe siècle, les vaches étaient victimes d'une infection virale appelée vaccine qui était proche de la variole, une maladie humaine qui couvrait les gens de pustules et qui faisait beaucoup de morts. Edward Jenner s'est rendu compte que les fermières qui étaient en contact avec les pis des vaches malades contractaient une version atténuée de la variole.

Il a donc eu l'idée d'inoculer le pus provenant des pustules d'une fermière à un jeune garçon pour activer son système immunitaire.

Mais alors, qui a créé le premier vaccin ?

Louis Pasteur ! C'est un scientifique français du XIXe siècle qui étudiait la relation entre les microbes et les maladies infectieuses.

C'est en s'intéressant à la bactérie du choléra des poules qu'il a constaté, par hasard, qu'en injectant de vieilles bactéries à des volailles, celles-ci résistaient mieux ensuite à une forte attaque de bactéries en pleine forme.

ET HOP ! Voilà le premier vaccin !
Mais monsieur Pasteur est connu pour avoir travaillé sur la rage, non ?

OUI ! La rage est une maladie très contagieuse et mortelle qui atteint le cerveau des animaux comme celui des humains.

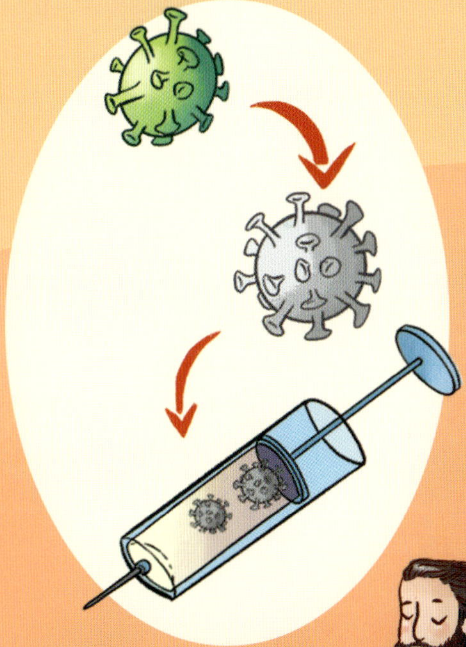

Louis Pasteur a réussi à trouver le virus à l'origine de la maladie. Il l'a rendu inactif et en a fait un vaccin, qui a été testé sur un jeune berger mordu par un chien enragé.

La rage existe toujours dans certaines régions du monde. Pour éviter sa propagation, la vaccination des animaux de compagnie est obligatoire dans certains départements français et lorsque l'animal accompagne son maître à l'étranger.

J'imagine que depuis on a fait de nouvelles découvertes ?
OUI, et d'ailleurs tu as peut-être entendu parler récemment du vaccin à ARN ?
C'est le premier vaccin utilisé dans le monde pour lutter contre le virus de la COVID-19.
Pour le fabriquer, les chercheurs ont prélevé un petit morceau du patrimoine génétique du virus, qui donne la recette pour fabriquer une protéine capable de faire réagir notre armée immunitaire.
Seul ce morceau de génome viral pénètre dans notre corps. Il est intégré dans les cellules musculaires et immunitaires qui sont rassemblées sur le lieu de l'injection. Nos cellules fabriquent ensuite elles-mêmes la protéine du virus.

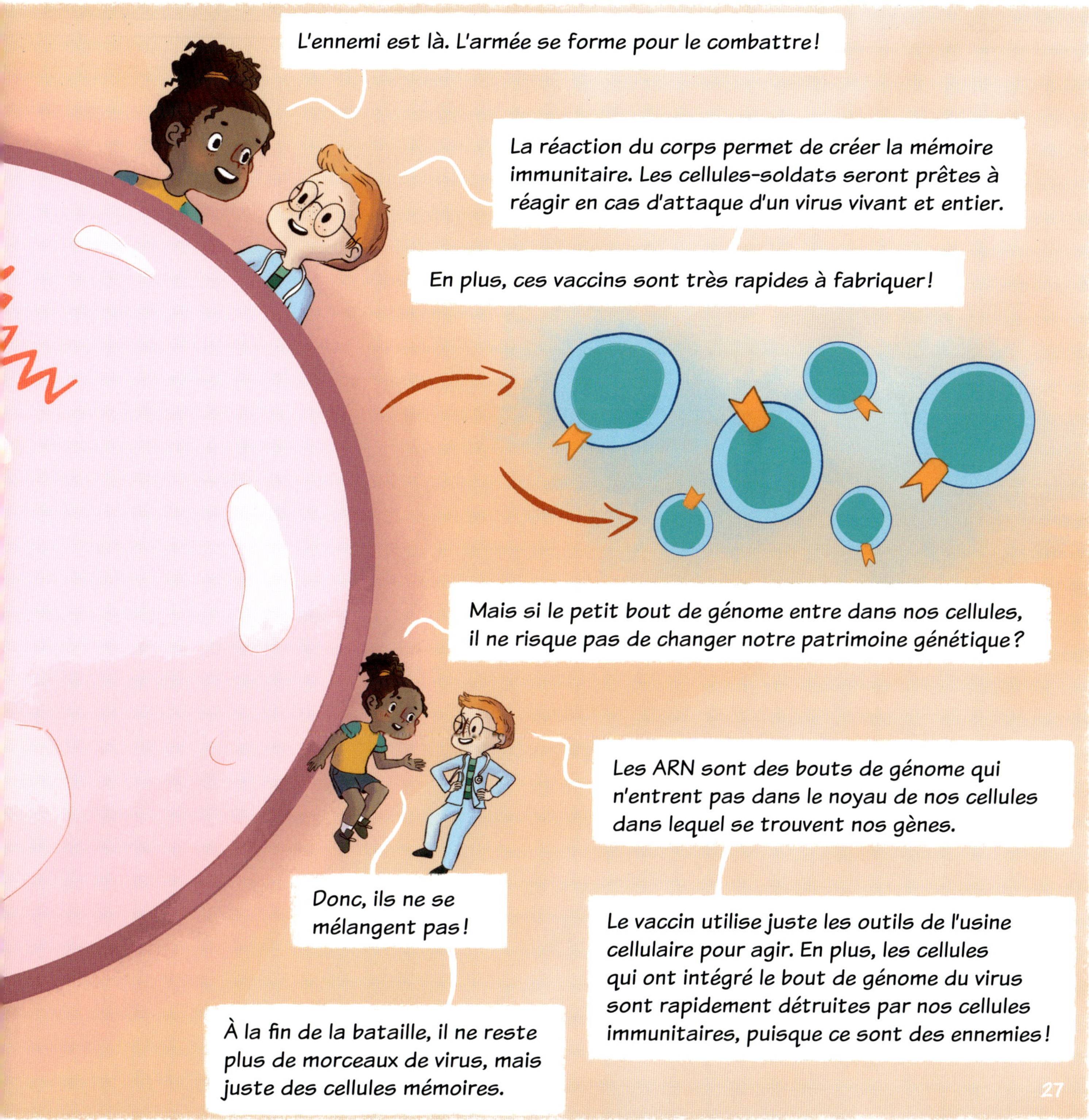
L'ennemi est là. L'armée se forme pour le combattre!
La réaction du corps permet de créer la mémoire immunitaire. Les cellules-soldats seront prêtes à réagir en cas d'attaque d'un virus vivant et entier.
En plus, ces vaccins sont très rapides à fabriquer!
Mais si le petit bout de génome entre dans nos cellules, il ne risque pas de changer notre patrimoine génétique?
Les ARN sont des bouts de génome qui n'entrent pas dans le noyau de nos cellules dans lequel se trouvent nos gènes.
Donc, ils ne se mélangent pas!
Le vaccin utilise juste les outils de l'usine cellulaire pour agir. En plus, les cellules qui ont intégré le bout de génome du virus sont rapidement détruites par nos cellules immunitaires, puisque ce sont des ennemies!
À la fin de la bataille, il ne reste plus de morceaux de virus, mais juste des cellules mémoires.

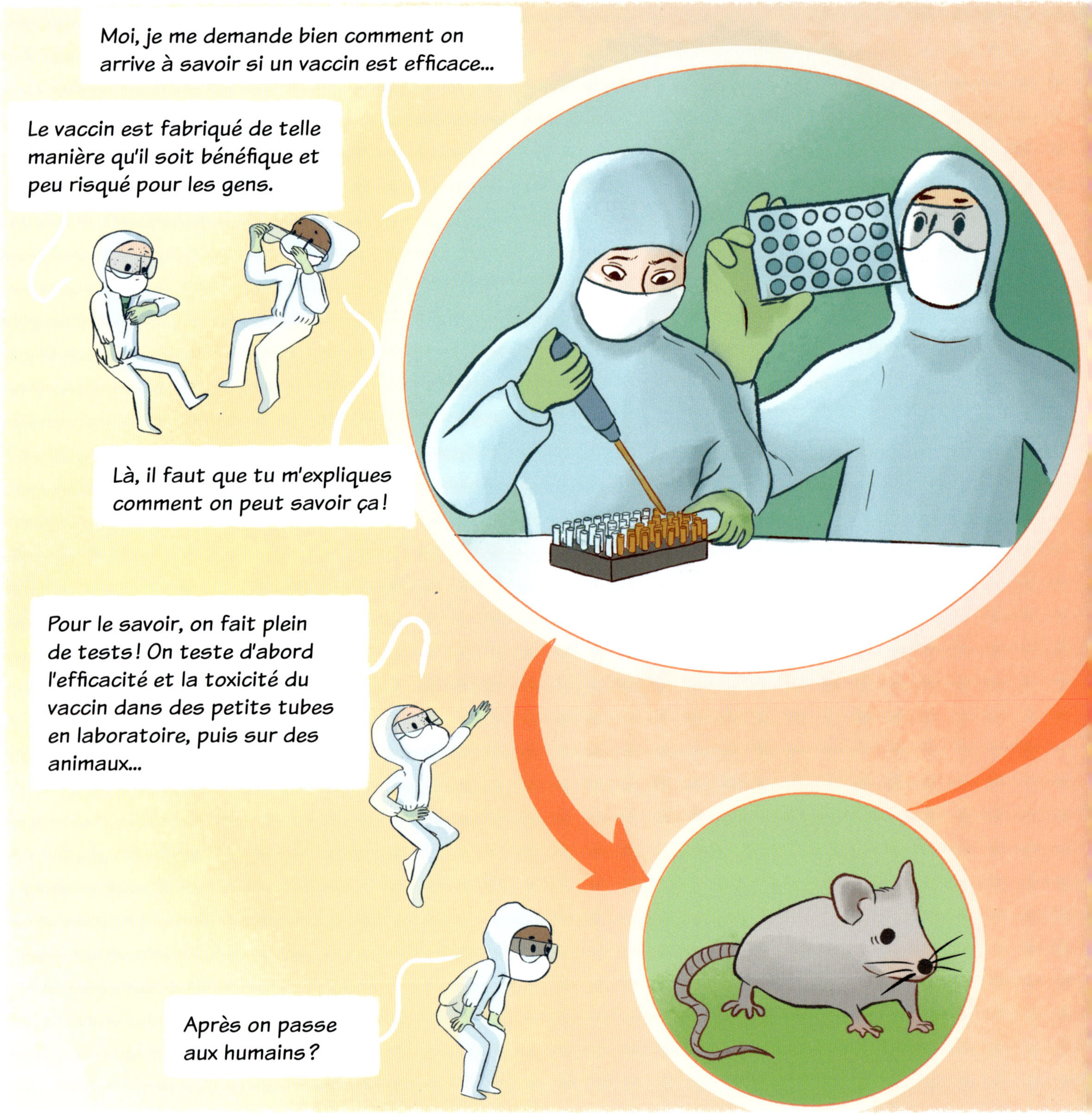

Moi, je me demande bien comment on arrive à savoir si un vaccin est efficace...
Le vaccin est fabriqué de telle manière qu'il soit bénéfique et peu risqué pour les gens.
Là, il faut que tu m'expliques comment on peut savoir ça !
Pour le savoir, on fait plein de tests ! On teste d'abord l'efficacité et la toxicité du vaccin dans des petits tubes en laboratoire, puis sur des animaux...
Après on passe aux humains ?

Exact ! On commence par le donner à une centaine d'adultes en bonne santé pour voir s'il n'est pas toxique et s'il est bien supporté par l'homme.

Ça ne paraît pas beaucoup…

Les chercheurs avancent pas à pas. Ensuite, ils testent sur plusieurs centaines de personnes choisies pour évaluer leur réaction immunitaire et savoir quelle est la dose de vaccin la plus efficace. Et enfin, les tests d'efficacité du vaccin sont faits sur plusieurs milliers d'individus.

Ça en fait des étapes !

Après ça, tout le monde peut se faire vacciner ?

OUI, mais c'est pour notre bien. En plus, selon les types de vaccins, la fabrication peut être plus ou moins longue. Certains vaccins sont mis au point en dix ans, alors que d'autres, comme le premier utilisé contre le virus de la COVID-19, sont fabriqués en seulement un an !

Pas encore. Il faut passer par une dernière étape : les autorités de santé des différents pays doivent étudier les travaux des scientifiques et donner leur accord pour mettre le vaccin sur le marché.

Si j'ai bien compris, quand il y a une pandémie, on vaccine en priorité les personnes à risque et les gens qui sont en contact avec eux, comme le personnel soignant, les pompiers, etc.

OUI, on vaccine par ordre de priorité. Le vaccin est nouveau ; il faut le temps nécessaire pour le fabriquer et, au début, il n'y en a pas pour tout le monde.

Mais est-ce que tout le monde doit se faire vacciner pour faire disparaître un microbe ?

Il est important qu'un maximum de personnes se fasse vacciner pour créer ce que l'on appelle une **immunité collective.** Les personnes qui se font vacciner et celles qui ont déjà eu la maladie forment un grand groupe de résistants au microbe. Ils transmettent donc moins la maladie aux autres, et notamment à ceux qui ne peuvent pas se faire vacciner, comme les bébés et les malades. Plus ce groupe est grand, plus…

… la propagation du microbe est ralentie…

… et plus on a de chances de le voir disparaître !

On parle **d'épidémie** quand une maladie contagieuse touche un grand nombre de personnes dans une région ou un pays donné. Lorsque la maladie touche un continent entier ou plusieurs, on appelle cela une **pandémie.**

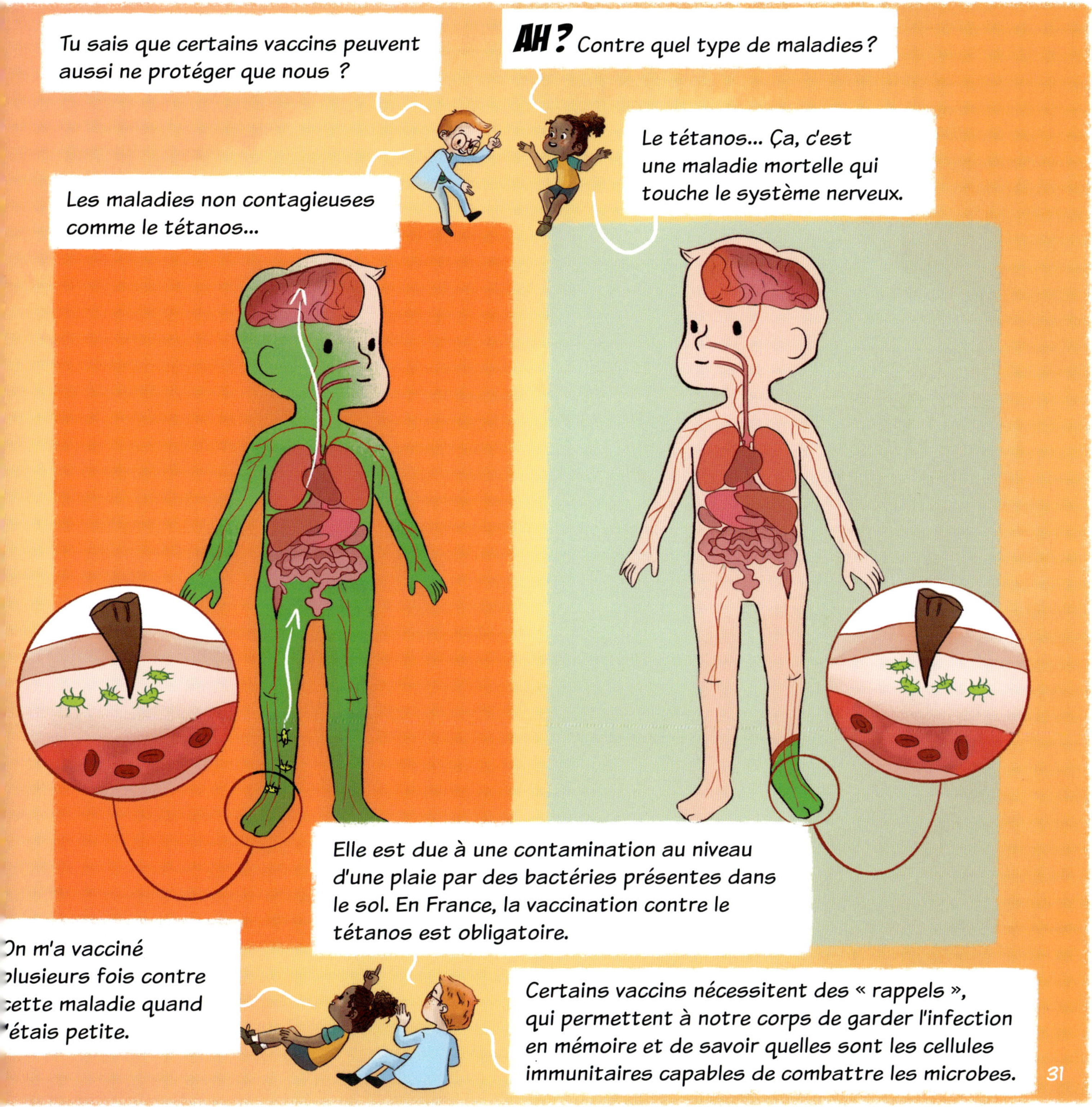

Tu sais que certains vaccins peuvent aussi ne protéger que nous ?
AH ? Contre quel type de maladies ?
Les maladies non contagieuses comme le tétanos...
Le tétanos... Ça, c'est une maladie mortelle qui touche le système nerveux.
Elle est due à une contamination au niveau d'une plaie par des bactéries présentes dans le sol. En France, la vaccination contre le tétanos est obligatoire.
n m'a vacciné
lusieurs fois contre
ette maladie quand
étais petite.
Certains vaccins nécessitent des « rappels », qui permettent à notre corps de garder l'infection en mémoire et de savoir quelles sont les cellules immunitaires capables de combattre les microbes.

Lorsque les gens ont commencé à se faire vacciner...

ON LES SURVEILLE ! Les médecins notent tous les effets secondaires relevés chez leurs patients et les transmettent à une agence du médicament. Cette agence va ensuite calculer les risques qu'un effet secondaire se produise et va diffuser l'information.

Ils peuvent ressembler à quoi, les **effets secondaires** d'un vaccin ?

Ils sont généralement légers. On peut voir apparaître un gonflement ou une rougeur sur la zone de l'injection.
NORMAL ! C'est la réaction inflammatoire !
Et comme l'objectif est de faire réagir notre corps et de déclencher une réaction immunitaire, quelques jours après, on peut avoir de la fièvre, des frissons, des maux de tête, mais cela ne dure pas.
Pour le vaccin contre la COVID-19, qui est tout récent, la surveillance d'un médecin est demandée.
Pour qu'il puisse réagir si l'on a une réaction allergique, par exemple ?
OUI, mais c'est très rare. Et dans ce cas, le médecin aura tout ce qu'il faut sous la main pour aider la personne allergique.

Comment ce vaccin nous sera administré, alors ?
Comme tous ceux auxquels on a eu droit depuis que l'on est tout petits : grâce à... une injection !

Ça ne fait pas mal au moins !?!
MAIS NON ! L'aiguille de la seringue est minuscule, et les médecins et les infirmiers font ça tellement vite qu'on ne sent rien du tout !
Et ils nous piquent où ?
Dans le bras !
ET VOILA ! Terminé !
MERCI DOCTEUR ! HAHAHA !

En tout cas, moi, maintenant, j'ai hâte qu'un maximum de personnes se fasse vacciner ! Pour que l'on puisse reprendre notre vie sans masque...
... qu'on puisse recommencer à aller au cinéma...
et qu'on puisse à nouveau se prendre dans les bras !